365 conseils en hygiène et salubrité

365 conseils en hygiène et salubrité

Par Gaétan Lanthier

Ce document a été réalisé par Gaétan Lanthier pour le compte de Lalema inc. Les opinions émises dans cette publication n'impliquent que l'auteur. Aucune responsabilité pour erreur ou omission.

Remerciements : Louis-Gilles Lafond pour sa vision. Stéphane Lafond et Rémi Charlebois pour leurs encouragements. Tous mes collègues, fournisseurs, clients, amis, patrons, employés présents et passés.

Source : blog.lalema.com

Dépôt légal – Bibliothèque et Archives nationales du Québec, 2019.
Dépôt légal – Bibliothèque et Archives Canada, 2019.

ISBN 978-2-9817267-2-8

365

Conseils en hygiène et salubrité

Votre guide quotidien pour le nettoyage et la désinfection

1. La clé du succès d'un bâtiment propre revient à ceux et celles qui en font l'entretien au jour le jour. 1 janvier

2. Un nord-américain consomme en moyenne 23 kilogrammes de papier de toilette par an. En Europe, c'est 13 kg par an. En Afrique, c'est 0.4 kg par an. 2 janvier

3. Notre vigilance quant à l'hygiène des mains doit être maintenue. Se laver les mains souvent contribue à réduire le risque de transmissions des virus (pas juste l'influenza). 3 janvier

4. Porter les lunettes de sécurité en utilisant la machine à pression. 4 janvier

5. La réduction (à la source) est le principe fondamental de gestion pour diminuer la quantité de biens consommés, ce qui diminue la quantité de ressources naturelles consommées. 5 janvier

6. Un travailleur québécois sur cinq rapporte des troubles musculosquelettiques (TMS) perçus comme étant liés au travail, soit des douleurs importantes qui dérangent ses activités, qu'il ressent souvent ou tout le temps, et qu'il attribue à son emploi principal. 6 janvier

7. En 1935, La Northern Tissue lançait le premier papier de toilette garantie « sans écharde ». Ouch! 7 janvier

8. En 1857, le papier de toilette avec aloès est inventé. 8 janvier

9. Pour favoriser un bon lavage de mains il faut bon savon à mains et une technique adéquate mais aussi un bon plan de communication pour sensibiliser les travailleurs autant que les usagers. 9 janvier

10. Définissez les activités régulières et occasionnelles d'entretien et respectez les fréquences de celles-ci à partir d'un calendrier de production. 10 janvier

11. Il vaut mieux d'investir dans des produits et de l'équipement de qualité parfois un peu plus cher mais qui augmente la qualité des prestations de travail et la productivité. 11 janvier

12. Le recyclage transforme une matière résiduelle dans une matière première pour la fabrication d'un nouveau produit. 12 janvier

13. L'ajout de chlore à l'eau potable a permis de réduire sensiblement les risques de transmission de maladies par l'eau. 13 janvier

14. Il est estimé que de 10 à 100 particules virales sont suffisantes pour causer l'infection par le norovirus. 14 janvier

15. Les études sont claires, bien que l'importance de l'hygiène des mains soit très grande, elle n'est pas suffisante à elle seule pour limiter la propagation des infections. Les surfaces jouent un rôle prépondérant et l'arrêt de la chaîne de transmission est multifactoriel. 15 janvier

16. Les chaussures assurent une protection adéquate du pied contre la chute d'un objet lourd, la compression ou la perforation, le contact accidentel avec un conducteur électrique, la résistance aux produits chimiques, le confort, etc.

16 janvier

17. Lire attentivement les étiquettes de produits et les fiches de données de sécurité.

17 janvier

18. Une caractérisation (inventaire) des espaces par vocation permet de comprendre la nature des tâches à accomplir. L'entretien d'un corridor n'est pas le même qu'un vestibule d'entrée. Un bureau individuel et une salle de conférence non plus!

18 janvier

19. Les carpettes ergonomiques réduisent la fatigue en position debout à l'aide d'un savant mélange de souplesse et de support.

19 janvier

20. Les programmes de prévention et de contrôle des infections protègent les clients, patients, résidents et membres du personnel en prévenant les infections avant qu'elles ne se produisent. 20 janvier

21. Porter des gant réduit le risque lors de la manipulation de produits toxiques ou corrosifs. 21 janvier

22. La mécanisation de l'entretien par des équipements fiables et robustes augmente la productivité, diminue la fatigue et améliore la qualité des prestations. 22 janvier

23. 70% des particules de poussières sont en réalité des flocons de peau. 23 janvier

24. Les Égyptiens et les Aztèques de l'Antiquité utilisaient l'urine comme désinfectant pour les plaies. L'urée, un agent chimique présent dans l'urine est reconnu comme anti fongique et antibactérien. 24 janvier

25. Les mots « savon » et « saponification » (ou « soap » en anglais) auraient comme origine une ancienne légende romaine, c'est probablement une invention car il n'existe pas de référence d'un mont Sapo en Italie! 25 janvier

26. Dans le SIMDUT 2015, la bordure hachurée n'est plus requise sur les étiquettes de produits dangereux. 26 janvier

27. En milieu scolaire ou en service de garde, apprenez aux enfants à éternuer dans leur coude… ils deviendront des adultes qui y penseront! 27 janvier

28. Favoriser les sacs de dimension appropriée pour les corbeilles ou poubelle. 28 janvier

29. Éviter les nœuds dans les sacs de poubelles, utiliser les grandeurs appropriées. 29 janvier

30. Porter des gants assure le besoin d'asepsie au cours des manipulations. 30 janvier

31. Valorisez les ressources internes en matière de produits et d'équipements. 31 janvier

32. C'est une bonne pratique d'établir un calendrier de production ou devis de charge la définition des activités d'entretien, sans oublier d'en préciser les fréquences d'exécution. 1 février

33. Les produits nettoyants doivent être concentré pour réduire le coût à l'utilisation et l'impact sur l'environnement des emballages. 2 février

34. Chaque département doit aussi être informé de la manière dont ils doivent disposer des déchets qu'ils produisent de façon sécuritaire. C'est pourquoi un bon plan de communication est aussi important! 3 février

35. Il convient d'assurer une organisation impeccable et structurée du chariot d'entretien et de son contenu afin de projeter une image professionnelle. Ainsi, on optimise les résultats obtenus tant au niveau de la qualité que de la performance d'exécution. 4 février

36. Saviez-vous que les premiers filtre HEPA ont été développé dans les années 40 dans le cadre du projet Manhattan pour filtrer les contaminants radioactifs? 5 février

37. Porter attention aux surfaces plus à risque (toilette, poignée de porte, etc.). 6 février

38. Les masques respiratoires protègent des polluants présents dans l'air. 7 février

39. Installer des panneaux de sécurité « plancher mouillé » lors du lavage des planchers. Enlever les panneaux lorsque les planchers sont secs. 8 février

40. Le point d'éclair (Flash point) est la température la plus basse à laquelle un liquide dégage suffisamment de vapeur pour s'enflammer ou exploser au contact d'une source d'allumage. Plus le point d'éclair est bas, plus le risque d'incendie est grand. 9 février

41. Ne jamais mélanger des désinfectants à base d'ammoniums quaternaires avec des désinfectants chlorés. Une réaction chimique entre les deux produits risque de former des chloramines gazeuses. Les chloramines ont une odeur désagréable et sont hautement toxiques. De plus, le pouvoir désinfectant de votre solution sera perdu. 10 février

42. Saviez-vous que 1 milliard de personnes pratiquent la défécation en plein air. 11 février

43. La rémanence est une propriété qui assure une action désinfectante pendant une certaine période après son application. 12 février

44. Les désinfectants de surfaces dures auront pour fonction spécifiques de tuer les micro-organismes. 13 février

45. Le ménage est important puisqu'en moyenne on passe 87% de notre temps à l'intérieur. 14 février

46. Ne retrempez jamais un linge souillé dans une solution propre. 15 février

47. Saviez-vous que les punaises de lit sont plus attirées par certaines couleurs? Les punaises aiment définitivement mieux le rouge et le noir. À l'opposé, le jaune et le vert, semblaient rebuter ces dernières. 16 février

48. Les norovirus sont un groupe de virus qui provoquent la gastro-entérite, une maladie généralement accompagnée de diarrhée et/ou de vomissements. Il s'agit de virus très infectieux qui attaquent tous les groupes d'âge. 17 février

49. Pour choisir un linge microfibre, testez la texture, l'absorbance, le poids et l'étirement. 18 février

50. Le dessus des partitions est parfois coupant. Veuillez nettoyer avec précaution. 19 février

51. La NASA utilisa de l'eau de Javel durant le programme Apollo pour désinfecter la fusée Apollo XI à son retour pour éviter de contaminer la Terre avec de potentiels dangereux virus ! 20 février

52. Un matériel constitué de granules solides qui, lorsque additionnées à une carpette, lui profèrent des propriétés antidérapantes supplémentaires. 21 février

53. Attitudes et aptitudes gagnantes pour un préposé en hygiène et salubrité : dextérité manuelle, bon sens de l'observation et bon sens des responsabilités. 22 février

54. Un travail prolongé en position debout et stationnaire ralentit la circulation sanguine. Ceci intensifie le travail du cœur, équivalent à un effort physique soutenu. Cela réduit également l'apport en oxygène aux muscles. Moins d'oxygène = Plus de fatigue et plus de douleur. Il s'agit de la principale cause de fatigue. 23 février

55. L'entretien ménager après un vol peut durer 2 heures avec une équipe de 10 préposés. 24 février

56. Il faut 24 arbres pour fabriquer 1 tonne de papier. 25 février

57. Toujours lire le mode d'emploi. 26 février

58. Planifiez votre grand ménage. Ce n'est pas une course ni un match d'improvisation. 27 février

59. En réduisant le temps de séchage des planchers, vous réduisez le risque de chute. Par conséquent, il y a moins d'absentéisme et de coûts en soins de santé. 28 février

60. La densité représente le poids d'un produit par unité de volume exprimée en g/ml. 1 mars

61. Environ 80 pour cent de ce que nous goûtons est effectivement détecté par notre sens de l'odorat. C'est pourquoi notre goût est diminué lors d'un rhume ou la grippe. 2 mars

62. 3 facteurs-clés à considérer pour une analyse du risque infectieux: Le patient est-il porteur d'un agent pathogène? Les activités fonctionnelles du secteur représentent-elle un risque de transmission des infections par l'environnement? L'intensité du contact est une fonction de l'achalandage des lieux et des surfaces les plus susceptibles d'être touchées. 3 mars

63. Le nylon est le nom d'une matière plastique de type polyamide utilisé comme fibre textile. Il est de nos jours le type de polymère le plus utilisé. 4 mars

64. La gestion des matières résiduelles au Québec implique des quantités impressionnantes de déchets : plus de 25 tonnes à la minute, un peu plus de 13 millions de tonnes annuellement, une moyenne de 1,69 tonne par habitant…et cela ne cesse d'augmenter année après année. 5 mars

65. Taches de graisse ou d'huile, utilisez un produit dégraissant basique. 6 mars

66. Assurer une révision périodique des méthodes de travail et des procédures. 7 mars

67. Additionné au caoutchouc ou au plastique, le nitrile réduit l'absorption d'huiles, ce qui empêche la carpette de devenir glissante et de se déformer. Pour environnements graisseux / huileux, il est recommandé d'utiliser un mélange de caoutchouc nitrile. 8 mars

68. Un chariot de concierge standardisé facilite la formation et la compréhension des préposés. 9 mars

69. L'utilisation de papier fabriqué à partir de matière recyclée prolonge le cycle de vie de la matière première. Toutefois, toute bonne chose ayant une fin, il vient un temps où il faut remettre du papier neuf. 10 mars

70. Ne jamais faire de mélange de produits. 11 mars

71. En utilisant une bonne combinaison de tapis d'entrée, on peut retenir jusqu'à 80 % de la saleté à l'entrée d'un bâtiment au lieu de transporter la poussière, les roches et le sable un peu partout. 12 mars

72. Identifiez chaque vaporisateur à l'aide d'étiquette SIMDUT du lieu de travail. 13 mars

73. La plupart des éviers de cuisine ont plus de germes que les toilettes. 14 mars

74. En séchant les mains avec un sèche-mains, vous réduisez les besoins en papier. Bien qu'ils puissent être recyclés, c'est encore une fois une réduction à la source. 15 mars

75. Un chariot de concierge polyvalent augmente le niveau de propreté des lieux. 16 mars

76. L'exposition prolongée à des odeurs désagréables peut réellement nuire à votre capacité de sentir. Le port d'un masque sur le nez et la bouche peut aider à réduire les effets de mauvaises odeurs. 17 mars

77. L'acronyme SARM désigne le Staphylococcus aureus résistant à la méticilline aussi connu sous le nom de staphylocoque doré. Cette bactérie peut causer une multitude d'infections, toutefois elle est souvent associée à des infections de plaies. 18 mars

78. Un assainissant est un produit chimique qui réduit la charge microbienne sans toutefois détruire toute les bactéries (99,9%). 19 mars

79. Premièrement, le travail à l'espace comporte des avantages par rapport au travail à la tâche. Notamment, le nombre de déplacements se trouve dupliqué et les dérangements sont accrus lorsque le travail doit être fait durant l'occupation des locaux. 20 mars

80. Pour prévenir la transmission de la grippe, désinfecter les surfaces fréquemment touchées avec des lingettes désinfectantes. 21 mars

81. Trois milliards d'individus ont accès à des toilettes, mais leurs déchets sont déversés non traités, s'infiltrant dans l'eau et la chaîne alimentaire. 22 mars

82. Les biofilms sont produits par des molécules qui se défendent contre notre système immunitaire ou contre des antibiotiques avec cette carapace qui est 1000 fois plus résistante que les organismes qui produisent et prolifèrent dans ces biofilms. 23 mars

83. Sur les planchers de nature plus poreuse telle que les tuiles de vinyle ou vinyle amiante il peut s'avérer nécessaire d'appliquer un scellant acrylique avant l'application d'un fini à plancher. 24 mars

84. Le port des gants est essentiel lorsqu'il y a risque d'exposition à du sang ou à des liquides biologiques, manipulation de produits toxiques ou corrosifs, besoin d'asepsie au cours du geste, risque de propagation des germes. 25 mars

85. Les bactéries telles que le SARM, l'ERV et l'E. coli peuvent survivre plusieurs mois sur des surfaces. Les virus respiratoires et entériques quant à eux peuvent survivre de quelques heures à plusieurs semaines. 26 mars

86. Un virus peut survivre 5 minutes sur les mains, 8 à 12 heures sur les vêtements et le papier, 24 à 48 heures sur les surfaces dures. 27 mars

87. Connaissez votre route de travail de même que votre zone de travail. 28 mars

88. Taches de rouille, de vert de gris, de métaux, utilisez un produit acide 29 mars

89. Un nettoyant-dégraissant sera plus puissant qu'un nettoyant tout usage neutre. 30 mars

90. Pour aider à minimiser la transmission des virus, les gestionnaires et les préposés à l'hygiène et salubrité devraient insister et porter une attention particulière mais sans s'y limiter aux surfaces suivantes: poignées de portes, tables, ascenseurs, chaises et bancs. 31 mars

91. Les résidus de savon et de calcium seront facilement délogés par des produits avec un pH acide. 1 avril

92. On recommande qu'une personne consomme de 2 à 3 litres (environ 8 verres) de liquide par jour. 2 avril

93. Un aspirateur pour déchets humides avec pompe submersible vous permet non seulement de recueillir l'eau mais également de la rediriger directement avec le boyau d'évacuation. 3 avril

94. Les biofilms dans les systèmes de plomberie sont des écosystèmes complexes, et c'est dans ces biofilms que les bactéries trouvent la nourriture, les abris et l'eau qu'elles ont besoin pour survivre. Il y plusieurs types de bactéries qui se développent dans les biofilms, comme la légionelle. 4 avril

95. Environ 800 000 enfants de moins de 5 ans meurent chaque année de diarrhée, de pneumonie et d'autres infections fréquentes causées par l'eau et l'assainissement. 5 avril

96. S'assurer de travailler dans un endroit bien ventilé. 6 avril

97. Établissez des standards internes pour tout produit non couvert de façon satisfaisante par une norme. Ce type de standards devrait réellement refléter les besoins des utilisateurs; 7 avril

98. La résilience d'une carpette, aussi appelée rebond, est ce qui permet de réduire la fatigue en enlevant l'acide lactique des muscles. 8 avril

99. Toujours, toujours procédé à un essai avant. 9 avril

100. Toute personne a une odeur unique semblable à une empreinte digitale - donc personne ne sent la même chose, sauf les jumeaux identiques. 10 avril

101. Utiliser les tampons bleus pour la maintenance humide régulière des planchers non protégés. 11 avril

102. Un chariot de concierge bien ordonné améliore l'image que vous projeter à la clientèle. 12 avril

103. Au Canada, près d'une personne sur 4 ne se lave pas systématiquement les mains après être allé aux toilettes 13 avril

104. Attitudes et aptitudes gagnantes pour un préposé en hygiène et salubrité : poli avec les gens du milieu, sociable avec les gens du milieu, apparence propre et soignée. 14 avril

105. La Nasa a dépensé 23.4 millions de dollars pour développer la toilette de l'espace. 15 avril

106. Certaines salles de travail et les salles de toilettes publiques peuvent être utilisées plus fréquemment que d'autres modifiant ainsi l'exécution de certaines tâches tels que le ramassage des déchets, le nettoyage, le dépoussiérage, etc. 16 avril

107. Le lavage des mains des malades devrait être aussi prioritaire que celui des soignants pour prévenir les infections nosocomiales. 17 avril

108. L'odorat d'une personne est la plus faible dans la matinée et la capacité de percevoir l'odeur augmente tout au long de la journée. 18 avril

109. Il est préférable de faire les locaux les uns à la suite de l'autre pour limiter les déplacements dans une route de travail. Avec l'équipement et l'organisation adéquats, les gains en déplacements sont appréciables. 19 avril

110. L'eau de Javel (chlore) est un excellent désinfectant mais un mauvais nettoyant. 20 avril

111. Le denier, l'unité de mesure de finesse des fils continus: c'est le poids en grammes d'une longueur de 9000 mètres de fil. Une fibre est caractérisée par une longueur d'au moins 100 fois son diamètre ou sa largeur. 21 avril

112. En augmentant le temps de contact de la solution nettoyante, on pourra réduire le travail ou l'action mécanique. 22 avril

113. Une mauvaise dilution augmente les risques de surcharge de travail (rinçage additionnel) 23 avril

114. Virus signifie *poison* en latin. 24 avril

115. Une fois évaporée, une molécule d'eau passe environ 10 jours dans l'atmosphère. 25 avril

116. En utilisant une autolaveuse, la quantité de produits nettoyants requise est moins grande qu'avec un système traditionnel. Par conséquent, vous réduisez à la source l'utilisation de produits nettoyants tout en maintenant un niveau de propreté encore plus élevé. 26 avril

117. Un robinet automatique permet d'économiser jusqu'à 70 % de l'eau utilisée pour se laver les mains. 27 avril

118. Saviez-vous que plus de 92% de votre budget en hygiène et salubrité est consacré à la main-d'œuvre. Lorsqu'on considère le budget les fournitures, le matériel et les équipements pour faire l'entretien sanitaire, il reste moins de 8% du budget. 28 avril

119. Une bouteille de plastique peut prendre jusqu'à 500 ans pour se décomposer. 29 avril

120. Changer de linge lors de l'entretien d'une toilette (cuvette) et le reste de la salle de bain. 30 avril

121. Environ 7 % des travailleuses et des travailleurs visés se sont absentés du travail en raison de douleurs musculosquelettiques liées à leur emploi principal au cours de l'année 2010. 1 mai

122. 94% des répondants affirment qu'ils ne retourneraient pas dans un commerce où les toilettes sont malpropres. 2 mai

123. L'action chimique d'un produit d'entretien sanitaire assure une meilleure performance du nettoyage. 3 mai

124. Les tapis gratte-pieds ont une surface de grattage agressive qui retiendra la majorité des débris sous les souliers. Ils n'absorbent pas l'humidité, ce qui en facilite l'entretien. 4 mai

125. Soyez à l'écoute des utilisateurs et favorisez leur pleine autonomie. 5 mai

126. La bactérie Clostridium difficile aussi connue sous le surnom C. diff est une bactérie d'importance médicale majeure. Il s'agit de la première cause de gastroentérite nosocomiale dans les hôpitaux. Le taux de mortalité se situe aux alentours de 2% ce qui se traduit par environ 600 morts au Québec chaque année. 6 mai

127. Éviter de déposer des sacs en réserve au fond des poubelles. 7 mai

128. Attitudes et aptitudes gagnantes pour un préposé en hygiène et salubrité : initiative face à ses tâches, méthodique et minutieux dans l'exécution de ses tâches. 8 mai

129. Un filtre HEPA est un filtre à très haute efficacité. Selon son grade, un filtre HEPA enlèvera au moins 99.97% des particules dans l'air à un diamètre de 0.3 micromètre. 9 mai

130. Utiliser un manche télescopique pour nettoyer les tables trop larges. 10 mai

131. La technologie microfibre est apparu au début des années 1970. 11 mai

132. Le 24 novembre 1883, Eugène René Poubelle impose aux Parisiens l'usage de contenants fermés pour se débarrasser des ordures et des déchets. 12 mai

133. Chaque jour, 20,000,000 de Chocolats HERSHEY'S KISSES sont emballés et utilisent 350 kilomètres carrés de papier d'aluminium. Ce que les gens ignorent souvent, c'est que ce papier d'aluminium est recyclable! 13 mai

134. En 1596, la première toilette avec chasse d'eau a été inventée. 14 mai

135. Les cas de peste chez les humains sont très rares au Canada ; le dernier cas a été signalé en 1939. 15 mai

136. Porter les gants et les lunettes de sécurité lorsque prescrit sur l'étiquette des produits. 16 mai

137. Il y a un bon sens pour installer les rouleaux de papier de toilettes. 17 mai

138. Avant l'invention du papier de toilette, à l'époque de la Grèce antique, on utilisait des pierres et des morceaux d'argile pour son hygiène personnelle . 18 mai

139. Recherchez des savons à mains formulés SANS: triclosan, parabène, méthylisothiazolinone, chlorure de benzalkonium, polyacrylamide, dioxane, nonylphénol éthoxylé et diéthanolamine. 19 mai

140. L'odorat fonctionne dans le sens inverse des autres sens. Avec vue, l'ouïe et le goût, nous identifions l'information d'abord et ensuite réagissons émotionnellement. Avec les parfums, nous avons une réaction émotionnelle d'abord et ensuite nous pouvons identifier l'odeur par la suite. 20 mai

141. En 1933, William C. Schopp de Californie a obtenu un brevet pour la brosse de toilette en plastique moderne. Le dispositif de nettoyage pour cuvette sera distribué par l'Addis Brush Co. qui allait plus tard de créer le premier sapin de Noël artificiel - en utilisant la même machine utilisée pour fabriquer des brosses de toilette! 21 mai

142. Quand vient L'hiver, arrive la gadoue, le sable et les roches à l'intérieur d'un bâtiment. Cela malgré l'utilisation et l'entretien optimal de tapis d'entrée approprié et de bonne qualité. 22 mai

143. La plupart de nos nettoyants s'utilisent en eau tiède. Toutefois, ils sont compatibles avec de l'eau à température ambiante ou plus chaude. 23 mai

144. La grippe est souvent confondue avec d'autres infections respiratoires comme le rhume. Lorsque les symptômes se résument à des écoulements nasaux et des éternuements, il s'agit probablement d'un rhume. 24 mai

145. Changer régulièrement de gants. 25 mai

146. Pour évaluer la performance d'un produit, considérez le degré de saleté des espaces; la vocation du bâtiment et des espaces qui le compose; les outils et les équipements disponibles et les techniques de travail employées. 26 mai

147. C'est une bonne pratique de voir à ce que les travaux à exécuter se fassent dans des conditions sécuritaires. 27 mai

148. Une mauvaise dilution augmente les risques de chutes (résidus de produit). 28 mai

149. Au Moyen Âge, il existait des Guildes de savonniers qui protégeaient jalousement leur formule (souvent à base d'huile d'olive, de suif et de cendres et de parfums). 29 mai

150. Saviez-vous que les inondations représentent 15 % des décès liés à des catastrophes causées par des aléas naturels. 30 mai

151. Le 22 avril est la journée dédiée à la Terre. Ce jour de sensibilisation et réflexion a été lancé en avril 1970 par le sénateur américain Gaylord Nelson qui voulait d'abord secouer l'inertie politique et collective face à la pollution et la dégradation de notre environnement. 31 mai

152. La couleur constitue le facteur d'achat décisif pour 85 % des acheteurs. 1 juin

153. Dans un environnement où la propreté est augmentée, les occupants réduisent leur chance d'attraper le rhume ou le virus de la grippe de 80%. Les surfaces contaminées par un virus sont réduites de 62% et le taux d'absentéisme est réduit de 46%. 2 juin

154. Plier les genoux pour effectuer le nettoyage des surfaces basses. 3 juin

155. Pour bien gérer les déchets, il est impératif d'une part d'être au fait de la caractérisation de vos déchets et d'autre part de bien connaître la réglementation qui s'applique à votre situation. 4 juin

156. Des conditions idéales d'entreposage comme par exemple un endroit sombre et frais ainsi qu'un contenant opaque et scellé peuvent prolonger la durée de vie d'un produit nettoyant. 5 juin

157. La mécanisation de l'entretien par des équipements fiables et robustes augmente la productivité, diminue la fatigue et améliore la qualité des prestations. 6 juin

158. Inspecter régulièrement les fils électriques de vos équipements. Ne jamais tirer sur le fil pour débrancher un appareil. 7 juin

159. Les inondations sont les catastrophes naturelles qui provoquent le plus de dégâts matériels au Canada. 8 juin

160. Certains types de saletés comme les résidus de savons seront facilement délogés par des produits acides. 9 juin

161. On a longtemps pensé que l'influenza était causée par une bactérie. En 1931, le virus a été identifié chez le porc et 2 ans plus tard, en 1933, chez l'humain à partir de prélèvement sur la gorge d'un chercheur contaminé par la grippe. 10 juin

162. La valorisation donne une deuxième vie aux produits mais de différente façon, généralement cela se fait par la voie biologique comme par exemple le compost ou par voie énergétique comme les biocarburants. 11 juin

163. En utilisant un chiffon microfibre plutôt qu'un linge ordinaire, on augmente l'action mécanique (plus rugueux), on peut réduire le temps. 12 juin

164. Saviez-vous que les 15 premières secondes suivant une exposition à une matière dangereuse, particulièrement les substances corrosives, sont critiques? 13 juin

165. Un high-five transfert 2 fois moins de bactérie comparativement à une poignée de main. 14 juin

166. Une mauvaise dilution augmente les risques d'intoxication (contact avec le concentré). 15 juin

167. Plus l'eau et le nettoyant seront en contact avec les souillures, meilleure sera la dissolution. En exemple, nos parents savaient depuis longtemps qu'en laissant tremper un chaudron bien collé toute la nuit, le nettoyage était grandement facilité le lendemain! 16 juin

168. Les produits nettoyants doivent effectuer l'ensemble des tâches requises de votre établissement et de préférence avec une certification environnementale telle ECOLOGO. 17 juin

169. Une solution ordinaire d'hypochlorite de sodium et d'eau est généralement peu stable. En fait, plus la concentration est élevée, plus la solution sera instable. 18 juin

170. La chaleur peut influencer la qualité du travail. Certaines saletés se délogeront plus facilement sous l'effet de la chaleur. On n'a qu'à penser au lavage de la lessive. 19 juin

171. Utiliser les tampons verts pour le récurage quotidien des planchers durs non protégés et pour le décapage des planchers mous. 20 juin

172. LEED établit la norme à 70 décibels pour les essoreuses de tapis, aspirateurs et brunissoirs. C'est le nombre magique qui est considéré comme « vert ». 21 juin

173. Le verre est recyclable à 100% et peut-être recyclé encore et encore. 22 juin

174. Attention aux sols mouillés (risque de chute). 23 juin

175. Faites l'acquisition de distributeurs automatiques qui permettront un dosage exact, une diminution de la consommation des produits tout en assurant de meilleurs résultats. 24 juin

176. 95 % des ménages canadiens ont accès à des programmes de recyclage. 25 juin

177. La transformation des matières résiduelles en matières premières pour d'autres procédés est ce qu'on connait comme économie circulaire. 26 juin

178. Utiliser les tampons blancs pour le polissage à sec des planchers protégés. 27 juin

179. Dans l'Angleterre du 18e siècle, les gens jetaient leurs excréments par les fenêtres dans la rue contaminant ainsi l'eau potable et forçant les habitants à boire du Gin. Quelle bonne excuse! 28 juin

180. Le taux d'évaporation exprime le nombre de fois qu'un produit prend plus de temps à s'évaporer par rapport à un autre. 29 juin

181. L'eau de Javel a été étudiée pour la première fois par un chimiste français du nom de Claude Louis Berthollet en 1775. Son usine était située à Paris dans le quartier de Javel, bien évidemment! 30 juin

182. Toujours effectuer la dilution selon les recommandations du manufacturier pour la tâche à accomplir. 1 juillet

183. Régler la poignée et le bras de la polisseuse à votre taille. Considérer la hauteur de vos hanches comme critère. 2 juillet

184. On estime que les problèmes de santé liés à la pollution de l'eau coûtent 300 millions de dollars par année au Canada. 3 juillet

185. Les autorécureuses ou autolaveuses possèdent souvent un système d'aspiration de l'eau et d'un racloir arrière qui laissent les planchers pratiquement secs après un seul passage. Là où la circulation et la superficie le justifient, c'est également une solution gagnante. 4 juillet

186. ERV désigne Entérocoques résistants à la vancomycine. C'est une bactérie qui cause de graves problèmes dans les centres de soins. Bien qu'elle s'en prenne généralement aux usagers les plus vulnérables, l'ERV est une cause majeure d'infections nosocomiales. 5 juillet

187. Voici quelques surfaces les plus communes présentant un haut risque de contamination: souris d'ordinateur, claviers d'ordinateur, téléphones. 6 juillet

188. Le P.E.T. (polyéthylène téréphtalate) est produit, entre autres, à partir de bouteilles de plastique recyclées. 7 juillet

189. Un conseil de prudence est une phrase (et/ou un pictogramme) décrivant les mesures recommandées qu'il y a lieu de prendre pour réduire au minimum ou prévenir les effets nocifs découlant de l'exposition à un produit dangereux, ou découlant de l'entreposage ou de la manipulation incorrects d'un tel produit. 8 juillet

190. La consommation de papier peut être réduite par l'utilisation de séchoir à mains. 9 juillet

191. En milieux industriels et institutionnels, on regroupe généralement les déchets en 7 catégories: déchets généraux, déchets biomédicaux, déchets pharmaceutiques, déchets chimiques, déchets radioactifs, déchets électroniques, déchets recyclables. 10 juillet

192. Les tapis antistatiques ont la capacité de diffuser des charges électriques au travers des fibres. Ces tapis sont munis d'un cordon de mise à la terre. 11 juillet

193. Maîtriser et manipuler les produits et les équipements de façon logique et adéquate. 12 juillet

194. Un biofilm c'est comme une ville pour les microbes. L'homme a appris à apprivoiser ces biofilms et peut s'en servir pour traiter les eaux usées ou produire certaines molécules telles que des plastiques naturels. 13 juillet

195. Il en coûte environ 1 000 $ pour sortir 1 kg de saleté d'un bâtiment. 14 juillet

196. Utiliser les tampons rouges pour l'entretien régulier des planchers protégés. 15 juillet

197. Nettoyer les surfaces toujours de la moins souillée vers la plus souillée. 16 juillet

198. Au contraire des batteries standard à l'acide pour les autorécureuses, les batteries au gel longue durée sont scellées et ne requièrent aucun entretien. 17 juillet

199. Effectivement, jusqu'à 90% des micro-organismes peuvent être enlevés d'une surface par la simple action de frotter avec un linge en microfibre. 18 juillet

200. Saviez-vous que l'hydroélectricité est la source d'énergie renouvelable la plus importante et la plus utilisée. Elle représente 19 % de la production totale d'électricité dans le monde. 19 juillet

201. La manipulation des déchets, que ce soit au moment de la production, de la manutention, de l'entreposage et de la disposition, doit être accomplie en prenant les mesures de protection appropriée pour votre sécurité, celles des autres et la protection de l'environnement. 20 juillet

202. On utilise en moyenne 20,000 feuilles de papier de toilette par année par personne en Amérique du Nord. 21 juillet

203. Les moines du Jain Dharma (religion indienne) ne se lavent que les mains et les pieds de peur de détruire la vie des millions de micro-organismes vivant sur leur corps. 22 juillet

204. Le système général harmonisé demande une fiche de données de sécurité contenant 16 rubriques. 23 juillet

205. Ne pas grimper sur les comptoirs (risque de chute). 24 juillet

206. Le cerveau humain est capable de traiter environ 10 000 odeurs différentes sur une zone de la taille d'un timbre-poste. 25 juillet

207. Certaines bactéries sont capables de former des spores. Il s'agit en fait d'une espèce de cocon bactérien. La bactérie se transforme en spore et devient inactive. Cette forme lui permet de survivre très longtemps et la rend très résistante aux stress environnementaux. 26 juillet

208. Un aspirateur dorsal est conçu pour faire les travaux de détail et atteindre les espaces plus difficiles d'accès. 27 juillet

209. Le norovirus (gastro) se transmet par l'ingestion d'aliments contaminés, le contact avec une surface ou un objet contaminé ou un contact direct avec une personne contaminée. 28 juillet

210. Il y a plus de germes sur notre corps que 10 fois la population du Canada! 29 juillet

211. Saviez-vous que l'agriculture compte pour 70 % des prélèvements hydriques à l'échelle mondiale. 30 juillet

212. Les émollients sont des agents hydratants qu'on rajoute dans le savon à mains pour que les mains soient douces et hydratées après le lavage. 31 juillet

213. L'élaboration d'un devis d'entretien cohérent et responsable est maintenant possible grâce aux outils et méthodologies informatisés. 1 août

214. Respecter la concentration suggérée par le manufacturier. 2 août

215. Se laver les mains après être allé aux toilettes ou avant de manipuler des aliments peut réduire de façon dramatique le risque d'infection tel que les infections alimentaires. 3 août

216. L'acide phosphorique n'est pas particulièrement nocif pour son utilisation, mais il est une des causes principales de l'eutrophisation des eaux. L'eutrophisation est le phénomène caractérisé par une prolifération excessive d'algues et de plantes aquatiques due à une surcharge d'éléments nutritifs dans les eaux (phosphore en particulier). 4 août

217. Sur Mars ou sur la Lune, il faudra faire encore faire le ménage et la vaisselle. 5 août

218. En 1916, une découverte révolutionnaire changea à jamais le monde du nettoyage. L'invention des détergents synthétiques pour fabriquer du savon sans gras animal est survenue à cause du manque de matière première durant la Première Guerre mondiale. 6 août

219. N'oubliez pas qu'un agencement adéquat de tapis d'entrée constitue votre première ligne de défense! 7 août

220. Ne jamais remettre les linges utilisés dans la solution désinfectante (si dans une chaudière) car on risque de la contaminer. 8 août

221. C'est une bonne pratique de mettre à la disposition des employés les équipements, les accessoires et les produits chimiques permettant d'offrir une bonne performance. 9 août

222. La DL50 est la dose qui, administrée à un groupe d'animaux test, en tue la moitié (50%). Plus la valeur est petite, plus le produit est toxique. 10 août

223. En -2800, les Babyloniens mélangeaient déjà des cendres avec du gras animal, une façon de faire du savon, sans toutefois que l'on retrouve une référence sur l'utilisation qu'ils en faisaient. 11 août

224. Au lieu de pulvériser du désinfectant sur la surface, il est suggéré d'utiliser un chiffon dans un seau de solution désinfectante, d'essorer, puis essuyer la surface. 12 août

225. Considérer la présence de tout fluide corporel ou sanguin comme un danger biologique réel et procéder au nettoyage seulement si vous avez reçu la formation appropriée. 13 août

226. Le principe des 3RV-E favorise la réduction à la source, le réemploi, le recyclage et de valoriser les matières résiduelles jusqu'à l'élimination. 14 août

227. Changer de linge avant de commencer le nettoyage d'un nouveau local. 15 août

228. Une absence non planifiée peut réduire la productivité d'un département de 54% et une baisse de ventes et de service à la clientèle jusqu'à 39%. 16 août

229. Le contrôle en hygiène et salubrité est une opération destinée à déterminer, avec des moyens appropriés, si le service contrôlé est conforme ou non aux spécifications ou exigences préétablies dans le devis et incluant une décision d'acceptation. 17 août

230. La CL50 est Concentration de l'agent toxique dans l'air (ou dans un autre gaz porteur approprié) qui, administré à des animaux tests, en tue la moitié pendant une période donnée. Plus la valeur est petite, plus le produit est toxique. 18 août

231. La formation du personnel est la pierre angulaire de la réalisation effective des conditions de sécurité satisfaisantes. 19 août

232. Le point de fusion est la température à laquelle le produit passe de l'état solide à l'état liquide. 20 août

233. Les noms proposés pour les éléments 113, 115, 117 et 118 sont nihonium, moscovium, tennessine et oganesson respectivement. Maintenant, d'ici à ce que ces éléments se retrouvent dans les produits nettoyants, ça pourrait être long! 21 août

234. Pour le remisage, rouler les carpettes et entreposer à plat, à température modérée. Ne pas écraser ou entreposer debout. 22 août

235. Un désinfectant est un produit chimique ou physique qui tue ou inactive des micro-organismes tels que les bactéries, les virus et les protozoaires, sur des surfaces inertes, les surfaces (sols, murs, mobilier, sièges, poignées de porte, …) (99,999%). 23 août

236. En milieu de soins, dans les centres pour personnes âgées ou les centre de la petite enfance l'utilisation de procédures de désinfection additionnelles est requise pour assurer le contrôle du risque de transmission de maladies ou d'infections nosocomiales. 24 août

237. Précisez, conjointement avec les utilisateurs, les devis techniques des produits aux fins d'achat selon les standards de l'établissement. 25 août

238. Un lave-pièces automatique est une façon pour votre entreprise de transformer un coût récurent en profits en affectant vos ressources qualifiées aux tâches les plus rentables. 26 août

239. Pour éviter le glouglou et utiliser les produits nettoyants de manière optimale, il convient d'utiliser un système de dilution facile à utiliser et entretenir. 27 août

240. Pour prévenir la transmission de la grippe, éviter de toucher votre visage. Il parait qu'on touche à notre visage jusqu'à 5 000 fois par jour! 28 août

241. Les gants assurent une protection adéquate des mains notamment le taux de perméabilité, le temps de protection, la dégradation, la chaleur ou le froid, le confort et les possible réactions allergiques, etc. 29 août

242. Notre sens de l'odorat est le plus fort au printemps et en été à cause de l'humidité présente dans l'air. Il est également plus fort après une séance d'exercice en raison de l'humidité supplémentaire dans la cavité nasale. 30 août

243. En désinfection des surfaces, respecter le temps de contact. 31 août

244. Durant l'opération de décapage, porter des souliers antidérapants ou des semelles antidérapantes. 1 septembre

245. L'eau couvre environ 70 % de la surface de la Terre. 2 septembre

246. Environ 7 % des travailleuses et des travailleurs visés se sont absentés du travail en raison de douleurs musculosquelettiques liées à leur emploi principal au cours de l'année précédant l'enquête. 3 septembre

247. La fabrication commerciale de savon débuta vraiment en 1791 lorsque le français Nicolas Leblanc a breveté un procédé de fabrication du savon lui permettant de produire de grande quantité de savon à faible coût. 4 septembre

248. Un virus peut être jusqu'à 1000X plus petit qu'une bactérie. 5 septembre

249. La température d'auto-ignition est la température la plus basse à laquelle un produit peut prendre feu spontanément en l'absence de toute flamme ou étincelle. Plus la température d'auto-ignition est près de la température ambiante plus le risque d'incendie est grand. 6 septembre

250. Au fur et à mesure que vous remplacez vos articles d'hygiène, tels séchoirs à main, distributeurs à savon et autres, pensez à automatiser ces articles pour éviter un maximum de contacts. 7 septembre

251. La désinfection est une opération d'élimination volontaire et momentanée de certains germes (sinon on parle de stérilisation), de manière à stopper ou prévenir une infection ou le risque d'infection ou surinfection par des microorganismes ou virus pathogènes et/ou indésirables. 8 septembre

252. Il y a plus de 3900 brevets concernant les brosses à cuvette. 9 septembre

253. Les biofilms retrouvés sur les surfaces sont souvent issus d'une colonie complexe de microorganismes produisant des polymères leur permettant de mieux adhérer à la surface et faciliter la vie en colonie. 10 septembre

254. Attitudes et aptitudes gagnantes pour un préposé en hygiène et salubrité : bon esprit de communication et fierté d'exécuter ce métier. 11 septembre

255. Porter des gant réduit le risque d'exposition à du sang ou à des liquides biologiques. 12 septembre

256. Le fist bump transfert 5 fois moins de microbes qu'une poignée de main. 13 septembre

257. Les chutes et les glissades représentent 18% des coûts d'indemnisations des accidents de travail. Il s'agit de la troisième cause d'accidents dans le secteur de la santé et des services sociaux et le personnel de tous les types d'emploi peut en être victime. 14 septembre

258. Procurez-vous une gamme d'équipements et d'accessoires de bonne qualité afin de bien exécuter les diverses activités de nettoyage et d'entretien. 15 septembre

259. Tous les produits dangereux présents dans les milieux de travail devront être pourvus d'une étiquette et d'une fiche de données de sécurité conformes aux dispositions du SIMDUT 2015. 16 septembre

260. Attitudes et aptitudes gagnantes pour un préposé en hygiène et salubrité : habilité à subir la pression qu'engendre parfois le métier, jugement efficace et rationnel dans l'orientation des activités. 17 septembre

261. Les produits chimiques et le parc d'équipement constituent indéniablement des éléments importants pour assurer l'efficience lors du nettoyage et de l'asepsie de l'environnement de tout établissement. 18 septembre

262. 80% des éclosions de norovirus ont lieu entre novembre et avril. Cependant, une personne peut contracter le virus durant n'importe quelle période de l'année. 19 septembre

263. Voici quelques surfaces les plus communes présentant un haut risque de contamination: lavabos, robinets, fontaines d'eau. 20 septembre

264. Les odeurs sont fortement liées à la mémoire et créent des liens vers les régions émotionnelles du cerveau plus directement que les autres sens. 21 septembre

265. En 1935, on a réussi à « cultiver » le virus dans des œufs de poules embryonnées. Les premiers essais cliniques entre 1936 et 1938 sont peu concluants. En 1944, avec le soutien de l'armée américaine, on obtiendra les premiers vaccins efficaces à base de virus grippal. 22 septembre

266. L'évaluation de la propreté d'un établissement peut chuter de près de 75 % si l'éclat de vos planchers fait une mauvaise première impression. 23 septembre

267. Un milliard de personnes n'ont pas accès aux toilettes et défèquent à l'air libre. 24 septembre

268. Pour prévenir la transmission de la grippe, laver vos mains fréquemment avec du savon antibactérien. 25 septembre

269. Enlever initialement toute salissure visible avant de désinfecter. 26 septembre

270. Lors du mélange des nettoyants, ajoutez le concentré à l'eau, la quantité de mousse causé par le concentré sera minimisée! 27 septembre

271. Lors d'un arrêt de l'utilisation de la polisseuse, relever le manchon et débrancher l'appareil. 28 septembre

272. Identifier et évaluer les situations « à risque » incluant le soulèvement de de charges, les mouvements répétitifs, l'exposition aux produits chimiques, la qualité de l'air, l'organisation du travail.

29 septembre

273. Révisez les produits en inventaire afin de s'assurer qu'ils correspondent toujours aux besoins des requérants.

30 septembre

274. L'eau est la seule substance qu'on trouve sur la terre à l'état naturel, et ce, sous trois formes : solide, liquide et gazeuse.

1 octobre

275. Les chutes et les glissades sont la troisième cause d'accidents dans le secteur de la santé et des services sociaux et le personnel de tous les types d'emploi peut en être victime.

2 octobre

276. Le norovirus est hautement contagieux! Si des pratiques d'hygiène strictes ne sont pas mises en place, il est estimé qu'une personne atteinte de ce virus le transmettra en moyenne de 4 à 10 autres personnes ! 3 octobre

277. Il a été reporté que les bactéries présentes dans un biofilm pouvaient être jusqu'à 1000 fois plus résistantes que celles n'étant pas dans un biofilm. 4 octobre

278. En Inde seulement, le manque en condition d'hygiène adéquate coûte près de 55 milliards de dollars chaque année soit plus de 6% du PIB. 5 octobre

279. Recycler une seule canette d'aluminium économise autant d'énergie que 20 ampoules incandescentes de 100W pendant 1 heure. 6 octobre

280. La réalité virtuelle et la réalité augmentée figurent parmi les technologies qui bouleversent de nombreux secteurs d'activité. Les revenus pourraient atteindre plus de 600 milliards de dollars US d'ici 2025. 7 octobre

281. Une mauvaise dilution augmente les risques de dommages (corrosion des surfaces) 8 octobre

282. Une surface vétuste est une surface ayant subi un changement physique ou chimique quantifiable par rapport à l'état fabriqué d'origine d'un objet. 9 octobre

283. Saviez-vous que 2,4 milliards de personnes sont encore privées de services d'assainissement élémentaires comme les toilettes ou les latrines. 10 octobre

284. Les tapis et carpettes roulés doivent être déroulés à plat pendant quelques jours avant l'installation. 11 octobre

285. Le mot hygiène vient de Hygeia, chez les Grecs, la déesse de la santé, de la propreté et de la lune. On comprend pourquoi on travaille sur les quarts de soir ou de nuit! 12 octobre

286. Une surface salubre signifie qu'elle est favorable à la santé, à l'organisme. Une telle surface est saine ou bonne pour la santé souvent pas l'absence ou la réduction du risque. C'est pour cela qu'on fait souvent référence à la salubrité alimentaire. 13 octobre

287. Le point de congélation est la température à laquelle le produit passe de l'état liquide à l'état solide. 14 octobre

288. Le roi Henry IV exigeait de ses chevaliers de prendre au moins un bain dans leur vie juste avant les cérémonies rituelles d'accession à la chevalerie. 15 octobre

289. Une goutte d'huile peut rendre impropre à la consommation jusqu'à 25 litres d'eau. 16 octobre

290. La détection de la grippe diminue à partir de la mi-mars pour reprendre à l'automne. En général, le sommet se situe en entre la fin décembre et la fin février. 17 octobre

291. Voici quelques surfaces les plus communes présentant un haut risque de contamination: portes de micro-ondes, portes de réfrigérateurs, machines distributrice. 18 octobre

292. Une tension de vapeur supérieur à 760 mm de Hg (tension atmosphérique normal) indique un produit à l'état gazeux. Plus un produit a une tension de vapeur élevée, plus il a une tendance à s'évaporer. 19 octobre

293. Le réemploi permet de donner une deuxième vie aux objets et d'utiliser ce que les autres n'ont pas plus besoin. 20 octobre

294. Les pictogrammes de danger prescrits du SIMDUT 2015 sont constitués, sauf exception, d'un symbole de danger en noir sur fond blanc entouré d'une bordure rouge en forme de carré debout sur une pointe. 21 octobre

295. Porter des gant réduit le risque de propagation des germes. 22 octobre

296. Le travail, l'action mécanique, le frottement, le jus de coude quoi! Voilà ce que ça prend. Donc de frotter manuellement avec un chiffon ou une brosse, cela aide. En frottant avec une machine rotative pour plancher en utilisant un tampon de sol, cela aide également. 23 octobre

297. Ne pas presser les déchets (risque de coupure et de contamination). 24 octobre

298. Taches de bière, de café, de thé, de chocolat, de confiture ou jus de fruits, utilisez un détergent à lessive. 25 octobre

299. Les gens peuvent se rappeler des odeurs avec 65 pour cent de précision après un an, tandis que le rappel visuel est d'environ 50 pour cent après trois mois. 26 octobre

300. Taches d'encre ou de teinture d'iode, utilisez un produit à base de solvant ou d'alcool.

27 octobre

301. C'est une bonne pratique d'offrir un programme de formation, de même qu'un programme de formation continue dans le but de maintenir constante l'information quant aux développements du métier.

28 octobre

302. Les tapis essuie-pieds jouent un rôle majeur pour la rétention de l'eau et de la fine. poussière. Ils minimisent les risques de chutes liés aux entrées et corridors humides.

29 octobre

303. C'est une bonne pratique d'informer vos employés sur le rôle précis de l'établissement et de l'orientation prévisible de celui-ci.

30 octobre

304. Une mauvaise dilution augmente les risques infectieux (désinfection inadéquate). 31 octobre

305. Une éponge de cuisine ou un chiffon sale contient jusqu'à 10 000 germes par pouce carré. De grâce, changez souvent! 1 novembre

306. Lors de la saison de la grippe, installez des distributeurs à désinfectant pour les mains aux endroits stratégiques, particulièrement près des zones alimentaires. 2 novembre

307. Utiliser les tampons noirs pour le décapage des vieux planchers sales et le nettoyage en profondeur des planchers de pierre dans les industries lourdes. 3 novembre

308. On optimise la séquence des tâches d'une route de travail en faisant le tour de la pièce en partant de la porte vers la droite (ou la gauche, l'important c'est de faire le tour). 4 novembre

309. La règle du « 5-secondes » pour la nourriture qui tombe par terre est un mythe. Les bactéries contaminent la nourriture instantanément. 5 novembre

310. Vérifier la bonne condition des fils électriques avant d'utiliser la machine à pression ou tout autre appareil électrique. 6 novembre

311. Pour un bon plan d'entretien sanitaire des surfaces, considérez le type de lieu associé au niveau de risque, les tâches à effectuer et la fréquence d'entretien requise. 7 novembre

312. Taches de sang ou d'urine, utilisez un produit oxydant comme l'eau de javel. 8 novembre

313. La salle de bain serait la pièce que les gens aiment le plus nettoyer! 9 novembre

314. Fabriquer de produits faits d'aluminium recyclé requiert 95% moins d'énergie. 10 novembre

315. Les tapis essuie-pieds/gratte-pieds ont une surface irrégulière qui permet d'emprisonner les saletés modérées qui ont résisté à l'étape du gratte-pieds. Ils retiennent modérément l'eau et l'humidité. 11 novembre

316. Faire le ménage brûle 200 calories à l'heure. 12 novembre

317. La vétusté des espaces (mobilier, murs, planchers, fenêtres, etc.), et le déficit d'entretien (système de ventilation, présence de moisissures, etc.) de certains bâtiments tels les écoles ou les édifices publics ont un impact sur la difficulté à livrer un entretien de qualité. 13 novembre

318. Se laver régulièrement les mains. 14 novembre

319. Les produits contenants des enzymes et des bactéries sont idéalement utilisés entre 30 et 40 degrés Celsius. La raison est que les hautes températures vont inactiver les enzymes. Tandis que la basse température ne permettra pas leur utilisation optimale. 15 novembre

320. En augmentant la température de l'eau (attention, pas trop!), on pourra réduire le travail ou l'action mécanique ou encore peut-être la puissance du chimique. 16 novembre

321. Un chariot de concierge adapté à vos besoins rend le travail plus productif. 17 novembre

322. Le lavage de mains demeure l'un des moyens les plus efficaces pour limiter la propagation des microbes. 18 novembre

323. Déterminer les tâches qui requiert d'équipements de protection individuelle tels les gants, les lunettes de protection, les masques, les manchons protecteurs, etc. 19 novembre

324. Remerciez votre concierge, il(elle) le mérite bien. 20 novembre

325. Quand vient le temps de détacher, la première chose à considérer c'est qu'il faut agir le plus rapidement possible. Plus la tache est fraîche, plus vos chances de s'en débarrasser sont grandes. 21 novembre

326. Attention aux sols mouillés (risque de chute). 22 novembre

327. Nettoyer c'est bien, recommencer c'est mieux. Dans les contextes institutionnels où l'achalandage est important, il est primordial de nettoyer et de désinfecter. 23 novembre

328. Un chariot de concierge bien équipé réduit considérablement le nombre de déplacement. 24 novembre

329. L'élimination des déchets se produit lorsque tous les efforts ont été mis dans les 3RV et que l'on doive disposés des déchets. 25 novembre

330. Les odeurs de toilette sont en fait assez complexes. Elles se composent de plus de 200 composés chimiques différents provenant de fèces et d'urine qui changent au fil du temps et varient en fonction de la santé et l'alimentation. 26 novembre

331. La standardisation des outils de travail facilite la formation et la mobilité. 27 novembre

332. Les papiers doivent être performants soit de sources recyclées ou provenant de forêts gérées de façon responsable. 28 novembre

333. Les programmes de prévention et de contrôle des infections constituent un moyen efficace et rentable sur le plan clinique de prévenir et de contrôler la propagation des infections dans les milieux de soins de santé.

29 novembre

334. Identifier et évaluer les situations « à risque » incluant le soulèvement de de charges, les mouvements répétitifs, l'exposition aux produits chimiques, la qualité de l'air, l'organisation du travail.

30 novembre

335. Procurez-vous une gamme de produits d'entretien de bonne qualité qui correspond aux divers types de surfaces à entretenir, de même que pour les différentes tâches à exécuter.

1 décembre

336. Écouter son client, c'est important. Car vous pourrez non seulement lui livrer ce qu'il demande mais SURTOUT, surtout lui livrer ce dont il a besoin. Et vous savez comme moi que ce n'est pas toujours pareil! 2 décembre

337. Pour choisir un linge microfibre, comparez la densité de fibres, le ratio polyester/polyamide, l'absorbance et les charpies. 3 décembre

338. Une tonne de papier recyclé sauve 1700 kg de bois et 24,000 gallons d'eau. 4 décembre

339. En moyenne, 1 patient sur 10 va contracter une infection lors de son séjour à l'hôpital. 5 décembre

340. Pour prévenir la transmission de la grippe, si vous n'avez pas d'eau ni de savon, utiliser des lingettes pour laver vos mains. 6 décembre

341. Saviez-vous que 1,7 milliard de personnes ont obtenu un accès à l'eau potable depuis 1990, mais 884 millions de personnes sont en demeurent toujours sans. 7 décembre

342. 96% des établissements de santé ont des politiques de nettoyage écrites. 8 décembre

343. Saviez-vous que chaque jour, 5 000 enfants meurent de maladies faciles à prévenir en améliorant les conditions d'assainissement et d'hygiène. 9 décembre

344. Votre bouteille d'eau que vous remplissez jour après jour doit elle aussi être lavée de temps à autre. 10 décembre

345. Lorsque la réalisation de l'ensemble des tâches à accomplir dans un local se fait en même temps et par la même personne, la variation dans les tâches améliore l'ergonomie au travail en diminuant les gestes répétitifs et en variant les positions. 11 décembre

346. Un biofilm est une pellicule de polymère plutôt mince produite par des bactéries. Pour les microorganismes, c'est très gagnant, car ça leur permet de mieux coller aux surfaces en plus de leur offrir un toit, une couverture, bref une protection contre les attaques de mauvais nettoyants! C'est évidemment le point de vue de la bactérie. 12 décembre

347. En -1500, les Égyptiens mélangeaient du gras animal et végétal avec des sels alcalins pour soigner des plaies ou nettoyer la peau. 13 décembre

348. Au-delà des énormes souffrances humaines, c'est un problème qui ralentit le développement économique. 14 décembre

349. Allez plus loin que les produits nettoyants verts, considérez également les revêtements de sol, les outils de travail, les équipements, les savons à mains, les produits de papier. 15 décembre

350. La première bouteille de poly(téréphtalate d'éthylène) ou PET a été recyclée en 1977. 16 décembre

351. Près de 20% des défectuosités des composants électroniques, en sortie d'usine, sont imputables à l'électricité statique. 17 décembre

352. Le Canada utilise 6 millions de tonnes de papier et de carton par année mais seulement 25% est recyclé. 18 décembre

353. Pour les ammoniums quaternaires, il faut être prudent, l'eau froide comme l'eau chaude peuvent diminuer leur efficacité. Ainsi, une eau à température ambiante ou légèrement tiède est idéale. 19 décembre

354. Le séchoir à main moderne peut utiliser jusqu'à 80 % moins d'énergie que les séchoirs électriques habituels. 20 décembre

355. Porter les lunettes de sécurité en utilisant la machine à pression. 21 décembre

356. La détergence d'un nettoyant va permettre de déloger la saleté notamment par la formation de micelles qui emprisonneront les microparticules de saletés. 22 décembre

357. Saviez-vous que d'ici à 2050, au moins une personne sur quatre est susceptible de vivre dans un pays affecté par des pénuries d'eau chroniques ou fréquentes. 23 décembre

358. Éviter le contact des produits nettoyants avec la peau et les yeux. 24 décembre

359. La majorité des rhumes, 80 % pour être plus précis, seront causés par un petit virus du nom de rhinovirus. 25 décembre

360. Pour aider à minimiser la transmission des virus, les gestionnaires et les préposés à l'hygiène et salubrité devraient insister et porter une attention particulière mais sans s'y limiter aux surfaces suivantes: interrupteurs, équipements de la cuisine des employés, fontaines d'eau, rampes pour les mains. 26 décembre

361. En moyenne, un employé prendra 7.7 journées de maladie par année. On pourrait estimer un coût de près de 20 milliards de dollars! 27 décembre

362. L'action du savon à mains vise à enlever les saletés et les microbes mis en suspension et éliminés lors du rinçage. Dans les endroits où l'hygiène des mains est plus critique comme les usines alimentaires ou les centres de soins des savons avec des agents antimicrobiens peuvent être utilisés. 28 décembre

363. Le marché global pour les produits antiseptiques et désinfectants pourrait atteindre 8.1 milliards USD en 2021 contre 5.55 milliards en 2015. C'est un taux de croissance rapide de 6.7 % par année. 29 décembre

364. Taches de gazon ou de boue, utilisez un détergent à lessive. 30 décembre

365. Merci d'avoir lu ce guide. Vraiment!

31 décembre

Made in the USA
Coppell, TX
04 November 2026

11289012R00055